哺乳动物

闯关大冒险
开启动物王国奇幻之旅
☆ 微信扫描本书二维码，沉浸式体验动物王国 ☆

扫码解锁动物王国

本书配套资源

第1关 动物博物馆

动物知识百科全书
★ 动物奥秘
★ 动画课堂
★ 趣味百科

第2关 快乐游乐场

神奇动物在哪里
★ 测一测
★ 拼图大作战

第3关 能量补给站

补充每日学习能量
★ 读书笔记
★ 学习圈

勇敢孩子的 动物世界

哺乳动物

[索引注音版]

余大为　韩雨江　李宏蕾◎主编

IC 吉林科学技术出版社

阅读指南

主标题
主标题文字

趣味小故事
关于动物的趣味性
小故事

北美驼鹿
寒冷森林里的巨兽

北美驼鹿喜欢在丛林中的低洼地带或沼泽地活动，很少会远离丛林。北美驼鹿的眼睛较小，鼻部宽大下垂，雄性驼鹿的头顶还长有一对硕大的鹿角。驼鹿擅于奔跑，还擅长游泳和跳跃，甚至能够潜到水下去觅食，然后再将食物带出水面进行咀嚼。它们吃各种植物的芽、茎、叶，经常在黎明和黄昏觅食。

北美驼鹿

体长	240 ~ 310 厘米
食性	植食性
分类	偶蹄目鹿科
特征	长着手掌形的鹿角，是世界上鹿角最大的种类

能把车撞坏的大家伙
北美驼鹿的身体结构比较特殊，身体非常结实，在北美驼鹿出没的地区，它们经常误闯高速公路而引发事故。在发生交通事故时，驼鹿沉重的身体会撞碎风挡玻璃砸进车内，这不仅会对北美驼鹿自己造成严重的伤害，就连驾驶员也会有生命危险。在北美驼鹿经常出没的地方需要标有警示牌提醒过往司机注意。加拿大的一些北美驼鹿分布区还专门设置了隔离网，用以防止北美驼鹿进入高速公路。

手掌形的鹿角
是北美驼鹿的标志
之一

手掌形的鹿角
北美驼鹿与亚洲和欧洲驼鹿的一个明显的区别在于，北美驼鹿的角后端并不是枝枝形，而是连在一起，呈扁平状的手掌形。这对鹿角的掌形结构要比欧洲的驼鹿更加明显，北美驼鹿的角宽可达1.8米，是现存所有鹿中鹿角最大的。

肩背部最高隆起，
看上去有点像骆驼的脊
部，故名驼鹿。

强壮的腿让北美
驼鹿能快速奔跑。

90

91

主文字
动物的基本介绍

小档案
介绍动物的体长、食性、分类、特征等知识（由于动物品种众多，小档案只介绍了该种类其中的一种，并与图片相对应）

知识点
介绍动物的生理属性、生活习惯及形态特征

软件
操作说明

"AR动物世界大揭秘"App下载说明

 支持iOS 10.0以上版本系统
支持iPhone 8及以上
支持iPad 5及以上（包括Pro系列）

 安装有Android OS 8.0及更高版本系统
RAM容量：3GB以上

1 根据设备类型扫描图书相应的二维码标识，进入界面下载"AR动物世界大揭秘"App，打开App即可进入应用界面。

2 App中有动物大百科、AR和趣味投食三大版块，供读者操作使用。

3 点击AR版块，将移动终端的摄像头对准图书中带有"扫一扫"图标的动物图片（避免将图书放置在反光区域），不同凡响的4D动物将立即呈现于您的眼前！

4 用手指点击移动终端屏幕上的图标，即能实现动物行走、习性展示等各种神奇功能，让您更细致地了解动物。

目录 CONTENTS

森林动物

扫一扫

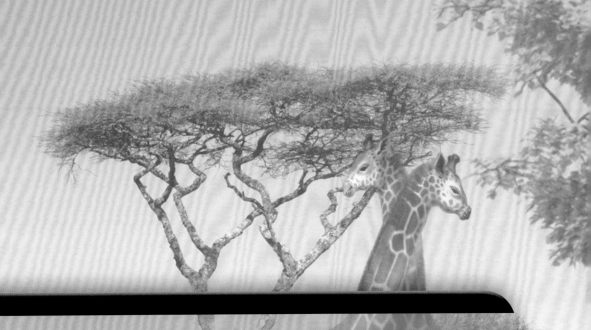

家养动物

索引

草原动物

扫码获取
- 动画课堂
- 动物百科
- 趣味拼图
- 阅读打卡

猎豹

短跑健将

猎豹	
体长	100 ~ 150 厘米
食性	肉食性
分类	食肉目猫科
特征	身体纤细，奔跑速度极快

猎豹生活在大草原上，它们的身材是接近完美的流线型——它们拥有纤细的身体、细长的四肢、浑圆小巧的头部和小小的耳朵，这样灵活轻盈的身材也赋予了它们高速奔跑的能力。猎豹可是陆地上短跑速度最快的哺乳动物。

猎豹的脸上有两条标志性的"泪痕"。

与其他大部分猫科动物不同的是，猎豹的爪子不能缩回去。它们的爪子像钉鞋一样，在高速奔跑的时候可以抓住地面。

猎豹的尾巴有什么用

　　猎豹的尾巴又粗又长，能够在高速奔跑的时候帮助猎豹保持平衡，这样一来，它们在急转弯的时候就不会摔倒了。

扫一扫

扫一扫画面，小动物就可以出现啦！

短跑健将

　　猎豹为了最大限度地提高奔跑速度，已经将身体进化成了精瘦细长的样子。但也正因为这样，猎豹只能坚持3分钟左右的高速奔跑，如果持续奔跑太长时间，它们很有可能会因为体温过高而死去。

非洲狮

草原之王

非洲狮是非洲最大的猫科动物，它们体形健壮，四肢有力，头大而圆，爪子非常锋利并且可以伸缩。在非洲狮面前，大多数肉食性动物都处于劣势地位。非洲狮长着发达的犬齿和裂齿，是非洲的顶级掠食者，非洲的绝大多数植食动物都是它们的食物。

非洲狮

体长	160 ~ 260 厘米
食性	肉食性
分类	食肉目猫科
特征	身体强壮，雄狮有威风的鬃毛

勇敢的"女猎手"

在狮群中，狩猎的任务是由雌狮来完成的。雌狮不会单枪匹马地去捕猎，它们通常会组团合作狩猎，从猎物的四周悄悄包围猎物，再一点一点缩小包围圈，其中有一些负责驱赶猎物，其他的则等待着伏击。雌狮合作狩猎的成功概率远远超出其他猫科动物，不愧是"女猎手"。

狮王争夺战

当一只外来的雄狮想要入侵狮群的领地时，狮群的狮王就会将它赶出领地。如果新来的雄狮向狮王发起挑战，这两者之间就会爆发激烈的战斗。如果狮王战败，那么它就会被赶出原有的领地，新来的雄狮则会成为新的狮王。

浓密的鬃毛是雄狮的象征，鬃毛会延伸到肩部和胸部。

雌狮负责狩猎和养育后代。

雄狮是狮群的首领，一个狮群通常有1~2只雄狮作为领袖。

狮子的肌肉非常发达。

非洲象

陆地巨无霸

扫一扫

扫一扫画面，小动物就可以出现啦！

非洲象无论雌雄都长着象牙。

在非洲的大草原上生存着陆地上最大的哺乳动物——非洲象。对于非洲象来说，真正意义上的天敌，除了人类，可能就只有它们自己了。非洲象比亚洲象稍大，有一对像扇子一样的大耳朵，可以帮它们散发热量。一般一个非洲象家族有20~30头象，一头年长的雌象是象群中的首领，象群成员大多是雌象的后代。雄象在象群中是没有地位的，而且到了一定年龄就要离开象群，只能在交配时期回归。象群成员之间的关系非常亲密，行动、进食和抵御敌人都在一起，不同象群的成员之间通常也能和谐相处。

非洲象

体长	500~750 厘米
食性	植食性
分类	长鼻目象科
特征	有一条长鼻子，耳朵很大

大象的鼻子非常灵活，
就像人类的手一样。

鼻子都能干些什么

非洲象的鼻子不仅可以
用来呼吸、闻气味，还可以
用来喝水、抓东西。它们喜
欢用鼻子吸水然后喷到身
上，给自己洗澡降温。

皮肤既厚实又粗糙。

非洲水牛

勇猛的植食动物

非洲水牛	
体长	210 ~ 340 厘米
食性	植食性
分类	偶蹄目牛科
特征	毛发呈黑色或棕黑色，头上的角向左右分开

　　非洲水牛又叫"好望角水牛"，是一种生活在非洲的牛科动物。非洲水牛四肢粗壮，头顶生长着粗壮锋利的角，牛角是它们的武器，也是力量的象征。它们很少单独出现，喜欢群居生活，牛群由最强壮的公牛领导，首领享有吃最好的草粮的权力。

奇特的中分发型

非洲水牛体形较大，头大角长，雄性水牛的体形更大，角也更粗更长。它们的角从头部中间均匀地向两边分开，形成两条完美的弧线，就像精心设计的中分发型，可以说是艺术与力量的完美结合。在草原上，非洲水牛凭借着强壮的身体和这对牛角与肉食性动物战斗，很少有失败的时候。

头部的角形状弯曲，角的基部非常厚实。在冲撞中可以保护大脑免遭冲击。

尾巴左右甩动，能赶走蚊虫。

非洲水牛的鼻子总是湿漉漉的。

美洲野牛

草原上的巨兽

当成群的美洲野牛在草原上狂奔的时候，它们那种所向无敌的气势，堪称生物进化的奇迹。美洲野牛喜欢群居生活，能够利用团队的力量来抵御敌人。野牛有灵敏的听觉和嗅觉，生性凶猛，不喜与人亲近，遇到危险会毫不畏惧地进攻。

美洲野牛	
体长	210 ~ 350 厘米
食性	植食性
分类	偶蹄目牛科
特征	身体强壮，身上有很厚实的毛发

野牛的天敌是谁

　　北美洲的狼群是野牛的天敌之一。狼会攻击年幼的小野牛，它们先将牛群冲散，然后在母牛和小牛脱离牛群的时候趁机攻击小牛。为了保护小牛，母牛也会与狼群大战，一般要7只以上的狼才能击败一头野牛，很多时候狼群都是野牛的手下败将。

美洲野牛的角比较短，在战斗中的作用比较有限。

强壮的腿部肌肉让美洲野牛能跑出每小时56千米的高速。

狼

团队协作的猎手

狼对大家来说并不陌生，在书本和影视作品中我们都能看到它们的形象。狼有着健壮的身体，长长的尾巴，带趾垫的足和宽大弯曲的嘴巴。狼的耐力很强，奔跑速度极快，攻击力强，总是成群结队地奔跑在草原上。狼嘴里长有锋利的犬齿，它们不仅喜欢吃羊、鹿等有蹄类动物，对于兔子、老鼠等小型动物也是来者不拒。

狼

体长	105 ~ 160 厘米
食性	肉食性
分类	食肉目犬科
特征	有棕色和灰色的皮毛，牙齿非常锋利

狼族社会的秘密

家族式的狼群通常由优秀的狼夫妻来领导，而以兄弟姐妹组成的狼群则由最强的狼作为头狼。狼群的数量从几只到十几只不等，狼群内部分工明确，拥有严格的领地范围，互相之间一般不会重叠，也不会入侵其他狼群的领地。

狼的嗅觉非常敏锐。

狼的耳朵非常灵敏，能够察觉到小型猎物的动向。

13

蜜獾

世界上最无所畏惧的动物

大家都知道，迪士尼的小熊维尼最爱吃蜂蜜，它总把小手伸进蜜罐里去偷吃蜂蜜。这世界上还有一种动物爱偷吃蜂蜜，那就是蜜獾。蜜獾是鼬科蜜獾属下唯一一种动物，在非洲、西亚和南亚都有它们的身影。它们长着黑色和灰白色的皮毛，是个天不怕地不怕的家伙。蜜獾甚至多次以"世界上最无所畏惧的动物"的称号被收录在吉尼斯世界纪录中。

蜜獾	
体长	60 ~ 70 厘米
食性	杂食性
分类	食肉目鼬科
特征	身体呈黑色，背部的毛为灰白色

蜜獾的食物是什么

蜜獾爱吃小型哺乳动物、鸟、各种昆虫、腐肉和浆果、坚果等，甚至还有眼镜蛇、曼巴蛇等各种毒蛇，但它最喜欢、最钟情的只有一种，就是蜂蜜，蜜獾的名称也就由此而来。

下颌非常有力，能轻易咬死猎物。

我们蜜獾勇敢着呢

　　蜜獾表面看起来憨厚可爱，实际上却非常勇猛大胆，能快速而且准确地判断敌人的弱点。蜜獾不仅能杀死幼年尼罗鳄，还是非常有效率的毒蛇杀手，它们只需要15分钟就可以吃掉一条1.7米长的蛇。蜜獾的凶猛在自然界众所周知，甚至没有哪只豹或狮子愿意与它们搏斗。

蜜獾的耳朵隐藏在毛发下面。

背部的毛发呈灰白色。

强壮锋利的爪子可以轻易摧毁蜂巢或者挖开鼠洞。

针鼹

哺乳动物活化石

　　针鼹和鸭嘴兽一样，也是卵生的哺乳动物，它们至今仍保持着远古时代的样子，外形和刺猬很像，但两者并没有什么亲戚关系。针鼹的繁殖方式与远古时期的祖先没有什么区别，交配后，母针鼹会产下一枚像皮革一样坚韧的软壳蛋，然后把蛋放进育儿袋中。几周以后，小针鼹就出生啦。刚出生的小针鼹所要做的第一件事就是吃奶。母针鼹也会和其他哺乳动物一样给小针鼹喂奶。它们没有乳头，乳汁是从腹部的乳孔分泌出来的。

针鼹

体长	50～70 厘米
食性	肉食性
分类	单孔目针鼹科
特征	口鼻部细长，浑身有尖刺

捕食达人

　　针鼹的眼睛很小，眼神也不是特别好，但是它们却能敏锐地察觉土壤中轻微的震动，还能利用口鼻部感受到昆虫发出的十分细微的生物电信号。针鼹没有牙齿，但是舌头既长又灵活，它们主要吃蚂蚁和其他昆虫，还有其他一些能通过它们那张细小的嘴巴的食物。

针鼹的口鼻部细长，能伸进蚁穴中。

爪子锋利，是挖掘工具和保护自己的武器。

当遇到危险的时候会缩成一团，把尖刺朝外。

大食蚁兽

长舌头的食蚁高手

在南美洲和中美洲的草原、落叶林和雨林中，生活着一种喜欢吃蚂蚁的动物——食蚁兽，大食蚁兽是现存4种食蚁兽中体形最大的一种。大食蚁兽主要以蚂蚁为食，它们的嘴很长，嘴里却没有牙齿，只有一条长舌头，它们就靠这条舌头捕食蚂蚁。大食蚁兽性情温和，不会主动伤害人类，它们昼伏夜出，经常单独行动，一般寿命可达14岁。

大食蚁兽

体长	100 ~ 130 厘米
食性	肉食性
分类	披毛目食蚁兽科
特征	舌头细长，爪子锋利，毛发很长

蚂蚁的克星

　　为了更有效率地吃蚂蚁，大食蚁兽长出了细长并且能够伸缩的舌头，长度足足有半米。大食蚁兽锋利的爪子可以轻易地挖开白蚁的巢穴，细长的舌头能够伸入蚁穴，然后迅速地缩回，被舌头粘住的蚂蚁就无法逃脱了。

用爪子掘开树洞或者蚁穴，用细长的舌头舔食蚂蚁。

尾巴的毛非常长，像一把大扫帚。

大犰狳

身披鳞甲的打洞高手

　　大犰狳也叫"巨犰狳"，是犰狳科中体形最大的一种。它们的身体表面有由骨质的鳞甲构成的壳，这是它们用来保护自己免遭肉食性动物攻击的法宝。大犰狳的尾巴很长，指爪弯曲而尖锐，十分有力，具有超高的打洞技能，但不适合用来搏斗。大犰狳的食量很大，对于破坏房屋建筑的白蚁有着非常好的控制作用。对人类来说，大犰狳可是一种有益的动物。

大犰狳	
体长	75 ~ 100 厘米
食性	肉食性
分类	带甲目犰狳科
特征	身上披着铠甲，能够缩成一个球

难道它们练过柔术

　　大犰狳四肢很短，身上布满厚重的鳞甲，在遇到敌害无法逃跑的时候，就会将身体缩成一个球，把柔软的头、胸、腹和四肢都包裹在坚硬的外壳之内。不过大犰狳坚硬的外壳并不能挡住所有的掠食者，当碰见狼群和猞猁这样咬合力强劲、牙齿也足够锋利的动物时，大犰狳的末日就到了。

在遇到危险的时候，大犰狳能迅速缩成一团。

大犰狳的身上披着厚实的鳞甲。

爪子非常适合打洞。

穿山甲

挖洞的高手

穿山甲身材狭长，四肢短粗，嘴巴又尖又长，从头到尾布满了坚硬厚重的鳞片。穿山甲对居住条件要求非常高，夏天，它们会把家建在通风凉爽、地势偏高的山坡上，避免洞穴进水；到了冬季，它们又会把家建在背风向阳、地势较低的地方。洞内蜿蜒曲折、结构复杂，长度可达10米，途中还会经过白蚁的巢，可以用来做储备"粮仓"，洞穴尽头的"卧室"较为宽敞，里面垫着细软的干草，用来保暖。

穿山甲

体长	34 ~ 92 厘米
食性	肉食性
分类	鳞甲目穿山甲科
特征	全身上下覆盖着鳞片

穿山甲真的无坚不摧吗

穿山甲擅长挖洞，又浑身披满鳞甲，因此被命名为"能穿山的鳞甲动物"。传说中穿山甲可以挖穿山壁，实则不然。就算是挖洞，它们也会选择土质松软的地方，并不是任何地方都能挖开。

鳞片是它们的制胜法宝

穿山甲的鳞片由坚硬的角质组成，从头顶到尾巴、从背部到腹部全部长满了瓦片状厚重坚硬的黑褐色鳞片。这些鳞片形状不同，大小不一。穿山甲遇到危险时会缩成一团，如果被咬住，它们还会利用肌肉让鳞片进行反复的切割运动。这一锋利的武器会给敌人带来严重的伤害，所以不得不松口放穿山甲逃生。

穿山甲的鳞片像瓦片一样层层叠叠地覆盖在身上。

幼小的穿山甲通常会趴在妈妈身上，跟随妈妈一起行动。

锋利的爪子是它们"穿山"的工具。

狞猫

矫健的猎手

狞猫是谁？它们是头顶"天线"的猎手！狞猫主要分布在非洲、西亚和南亚的干旱地区，属于小型猫科动物。狞猫身材矫健，奔跑速度快。雌雄狞猫大多数都单独居住，它们会分别划分自己的领地，雄性狞猫的领地要比雌性的大，它们每天都会步行一段时间巡视自己的领地。

耳朵尖端像天线一样的一簇毛发是狞猫最明显的特征。

狞猫	
体长	60～92 厘米
食性	肉食性
分类	食肉目猫科
特征	耳朵尖端有一簇长毛

带着"天线"的黑耳朵

狞猫的耳朵是它们最显著的特征，它们的耳背是黑色的，从耳尖处延伸出黑色的长毛，像两根天线一样高高竖起。狞猫的耳朵肌肉组织非常发达，它们的听觉非常灵敏，可以捕捉到来自四面八方的声音。耳朵上的"天线"也可以帮助它们感知猎物的方位，非常有助于捕猎。

惊人的弹跳力

　　鸟是狞猫喜欢的猎物之一。狞猫是捕猎高手，有着高超的捕鸟技巧。它们的四肢肌肉强健有力，这给它们提供了非常强的弹跳力。狞猫可以凭借惊人的弹跳力和反应速度捕捉到正在2米高的空中飞行的鸟，甚至一次可以捕捉超过2只。

猞猁

形态像猫的动物

　　猞猁也叫"山猫"，身材矫健，形态像猫，却比猫要大许多，与猫不同的是它们的尾巴非常短。视觉和听觉比较发达，能有效地确定猎物位置。猞猁是一种中型猛兽，不怕冷，主要生活在北温带的寒冷地区，即使在南部它们也通常生活在较为凉爽的区域，或者是寒冷的高山地带。在自然界中，猞猁的敌人有很多，灰熊和美洲狮一类的大型肉食性动物都能够对它们产生威胁，狼群也可能会攻击它们。

爪子比较宽大。

猞猁	
体长	85 ~ 105 厘米
食性	肉食性
分类	食肉目猫科
特征	耳朵尖端有长毛，四肢比较长

耳毛的作用

猞猁的耳朵宽厚，耳尖处耸立着长长的黑色丛毛，其中还夹杂着白毛，这一簇毛有4～5厘米长，像两根天线一样直直地向上伸长，很有气势。猞猁的耳毛让它们的听力变得更加灵敏，耳毛有寻找声源、接收音波的作用，如果失去了耳毛，它们的听力就会受到严重影响。

猞猁的耳朵上有两簇毛发，与狞猫有些相似。

毛皮呈银褐色，适合在森林和雪地中隐藏自己。

犀牛

强壮的尖角斗士

传说犀牛的角上有一个孔能直通心脏，感应灵敏，因此就有了"心有灵犀"这个典故。犀牛是世界上最大的奇蹄目动物，身躯粗壮，腿比较短，眼睛很小，鼻子上方有角，长相丑陋。犀牛生活在草地、灌木丛或者沼泽地中，主要以草为食，偶尔也吃水果和树叶。犀牛虽然皮糙肉厚，但是腰、肩褶皱处的皮肤比较细嫩，容易遭到蚊虫叮咬。

扫一扫

扫一扫画面，小动物就可以出现啦！

黑犀牛

体长	300～375 厘米
食性	植食性
分类	奇蹄目犀科
特征	头上有两只尖角，嘴巴较尖

为什么牛椋鸟对犀牛形影不离

　　牛椋鸟是犀牛一生的挚友，它们经常相伴而行。因为犀牛身上会生有许多寄生虫，而这些寄生虫恰好是牛椋鸟的食物，所以牛椋鸟跟着犀牛就永远有享用不尽的美餐。而对于犀牛来说，牛椋鸟的回报就是可以帮助它清除寄生虫，还可以在发生危险的时候向它报警，让视力不好的犀牛尽早发现敌人，并逃脱危险。

黑犀牛的嘴巴是尖的，白犀牛的嘴巴则是宽的。

有三个短粗的脚趾，趾甲宽而钝。

瞪羚

大眼睛的长跑健将

汤普森瞪羚	
体长	80 ~ 120 厘米
食性	植食性
分类	偶蹄目牛科
特征	毛色为棕色和白色，侧腹部有一条黑线

瞪羚身披棕色皮毛，下腹为白色，身体两侧各有一条黑线，头上有一对角。瞪羚身材娇小，体态优美，像是个体操运动员。瞪羚擅长奔跑和跳跃，纵身一跃就能跳出数米远。瞪羚是牛科植食性动物，以鲜嫩、易消化的植物根茎为食。

马拉松健将是怎样练成的

瞪羚个个都是赛跑健将。面对强大的天敌，它们唯一能做的就是逃跑。为了生存，它们需要不断奔跑，这也就练就了它们超强的耐力。

　　瞪羚遇到危险时会急速奔跑，在事关生死的追逐中，它们的速度可达每小时90千米，但是仍然比不上自己的天敌猎豹。为了生存下去，瞪羚在遇到猎豹的时候会使出自己的看家本领——急转弯，几次急转弯过后，就算猎豹的速度再快，也只能看着瞪羚从自己眼前扬长而去。

瞪羚的眼睛向外突出，看上去像是瞪着眼睛，故名瞪羚。

扭曲的羚角十分尖锐，在繁殖期甚至会有瞪羚在打斗中被羚角戳刺而丧生。

扫一扫

汤普森瞪羚侧腹部的黑线是它们的特征之一。

纤细的腿十分擅长跳跃。

31

角 马
大迁徙的主力军

非洲草原的四不像

角马头上有角，长相像牛像马又像羊。角马的头粗大，肩部很宽，很像水牛；身体后部比较细，更像马；颈部有黑色鬃毛，远远看去很像羊的胡须。身上的毛色还会根据季节的不同而有所变化，可以说它们就是非洲草原上的"四不像"。

角马就是长角的马吗？事实并不是这样的。角马是生活在非洲大草原上的大型牛科动物，它们体形像牛，外貌又介于山羊和羚羊之间，因此也被叫作"牛羚"。角马喜欢群居，在迁徙时，会有几十万头角马自然而然地聚集在一起，组成一支庞大的迁徙大军。迁徙的队伍中纪律严明，由健壮的雄角马领头和殿后，雌角马和角马宝宝走在队伍中间。

斑纹角马

体长	约 180 厘米
食性	植食性
分类	偶蹄目牛科
特征	头上有角，颈部有黑色鬃毛，身上长有斑纹

浩浩荡荡的"旅游团"

　　非洲大草原上的动物每年都在不断地迁徙，角马就是这支浩浩荡荡的迁徙大军当中的主力。角马必须每天大量饮水，这就意味着它们生活的区域必须有充沛的水源，因此它们会追着云彩奔跑。为了追逐湿润的环境，它们不得不穿越艰难险阻，每年长途跋涉3000多千米，来获取充足的食物和水。

头上的角从头顶向两侧弯曲，雄性的角要比雌性的大。

角马长着暗褐色的毛皮，身上还有一些斑纹。

斑马

满身条纹的马

斑马到底是白底黑条纹，还是黑底白条纹？其实斑马的皮肤是黑色的，所以它们是黑底白条纹。也正是因为它们身上这黑白相间的条纹，它们才被人类取了斑马这样一个名字。这种动物是由400万年前的原马进化而来的，曾经的斑马条纹并不清晰分明，经过不断的进化和淘汰才有了现在的条纹。斑马生活在干燥、草木较多的草原和沙漠地带，具有强大的消化系统，树枝、树叶和树皮都能成为它们的食物。

每一匹斑马身上的条纹都是独一无二的。

斑马的条纹有什么用

斑马的条纹黑白相间、清晰分明，在阳光的照射下很容易与周围的景物融合，模糊界限，起到自我保护的作用。草原上有种昆虫叫舌蝇，经常叮咬马和羚羊一类动物，斑马身上的条纹可以迷惑舌蝇，防止被它们叮咬；也可以迷惑天敌，从而逃脱追捕。

平原斑马的条纹一直延伸到腹部下方。

斑马很少躺下休息，它们睡觉的时候也是站着的。

长颈鹿

陆地上最长的脖子

长颈鹿生活在非洲稀树草原地带。长颈鹿毛色浅棕带有花纹，尾巴短小。它们性情温和，胆子小，以树叶和小树枝为食。为了将血液从心脏输送到两米多高的头部，它们拥有着极高的血压，收缩压要比人类的3倍还高。为了不让血压涨破血管，长颈鹿的血管壁有足够的弹性，周围还分布着许多毛细血管。

网纹长颈鹿

体长	600 ~ 900 厘米
食性	植食性
分类	偶蹄目长颈鹿科
特征	脖子和腿非常长，身上有斑块状花纹

长颈鹿一天要睡多久

长颈鹿睡觉的时间很少，一天只睡几十分钟到两个小时。由于脖子太长，它们常常把脖子靠在树枝上站着睡觉。长颈鹿有时也需要躺下休息，但是躺下睡觉对它们来说是件十分危险的事情，因为从睡卧的姿势站起来需要花费1分钟的时间，这1分钟就可能让长颈鹿来不及从肉食性动物的口中逃脱。

扫一扫

扫一扫画面，小动物就可以出现啦！

头上有两个小小的茸角。

长颈鹿很喜欢吃金合欢树的叶子。

长长的脖子不仅能让它们吃到高处的嫩叶，还是同类间争斗的工具。

细长的腿非常有力量，甚至能一脚踢跑前来偷袭的狮子。

浣熊

看似可爱的捣蛋鬼

戴着黑色眼罩，带有环状斑纹的尾巴已经成为浣熊的经典形象。再加上浣熊体形较小，行动灵活，还长着圆圆的耳朵和尖尖的嘴巴，真是天生的一副可爱相。浣熊喜欢住在靠近河流、湖泊的森林地区，它们会在树上建造巢穴，也会住在土拨鼠遗留的洞穴中。浣熊是夜行动物，白天在树上或者洞里休息，到了晚上才出来活动。因为总是潜入人类的房屋偷窃食物，浣熊也被称为"神秘小偷"。浣熊是不需要冬眠的，但是住在北方的浣熊，到了冬天会躲进树洞中。

浣熊	
体长	40 ~ 65 厘米
食性	杂食性
分类	食肉目浣熊科
特征	脸上有眼罩状的斑纹

脸上这个眼罩状的斑纹是浣熊最显著的特征。

浣熊真的清洗食物吗

浣熊的视觉并不发达，因此需要用触觉来辨别物体。它们的前爪上有一层角质层，有时候需要浸在水里使其软化来提高灵敏度，所以看起来就像是把食物或者其他物品清洗干净一样。

前脚比较灵活，能抓住比较小的猎物。

不要做像浣熊一样的破坏王

　　浣熊其实并没有看上去那么温顺、可爱，它们的破坏力极大。浣熊不仅会在木质的家具和墙壁上打洞，还会去垃圾桶里寻找食物，翻倒垃圾桶，把垃圾扔得到处都是。有时还会挖开院子里的草坪，咬伤猫狗和路过的行人。

整体毛色呈灰色。

尾巴上有环状斑纹。

草原犬鼠
可爱的打洞高手

草原犬鼠是何方神圣？原来它就是我们常常提起的土拨鼠。草原犬鼠是栖息在北美洲草原上的小型穴栖性啮齿目动物。它们个头小巧，擅长跑跳，打洞是它们的拿手技能。当受到威胁时，它们会大叫作为警报，并且迅速逃进洞里。小家伙的奔跑速度达每小时55千米。

黑尾草原犬鼠

体长	28 ~ 35 厘米
食性	植食性
分类	啮齿目松鼠科
特征	体态圆胖，尾巴为黑色

草原犬鼠是如何沟通的

草原犬鼠具有敏锐的听力和视力，在语言方面也极具天赋。当看见不同的天敌时，它们会发出不同的声音作为区别，包括鹰、狼与鬣狗等，所以听到报警声的草原犬鼠会采取正确的逃窜方式。除此之外，草原犬鼠还能区别不同的人，甚至能在时隔两个月后，再见到同一个人时发出相同的叫声，这一特点令生物学家们感到惊奇。

草原犬鼠在活动的时候通常不会离洞口太远，一旦发现风吹草动就会迅速逃进洞里。

总会有一些草原犬鼠用蹲坐的姿态为群体"站岗放哨"。

袋鼠

澳洲大陆的动物代表

袋鼠的踪迹遍及整个澳洲大陆，它们喜欢在草原、灌木丛、沙漠和稀树草原地区蹦蹦跳跳地寻找自己喜欢吃的植被。它们的生存本领很强，能够在植物枯萎的季节找到足够的食物，能够在缺水的旱季正常生存。袋鼠不会行走，只会跳跃，或在前脚和后脚的帮助下奔跳前行，它们是跳得最高最远的哺乳动物。

袋鼠

体长	100 ~ 160 厘米
食性	植食性
分类	双门齿目袋鼠科
特征	尾巴粗壮，腹部有一个育儿袋

神奇的育儿袋

袋鼠是一种有袋类哺乳动物，小袋鼠的大部分发育过程是在母亲的育儿袋里完成的。小袋鼠出生时只有花生大小，尾巴和后腿柔软细小，只有前腿发育较好，所以需要回到妈妈的育儿袋中继续发育。

像后腿一样粗壮的尾巴

袋鼠的尾巴和腿一样粗壮，在休息的时候就撑在地上，让腿和尾巴组成一个三脚架，这样一来袋鼠不用躺在地上就能很好地休息了。

即使小袋鼠已经长到一定的体形，它们还是会赖在妈妈的育儿袋里不肯离开。

强壮的后腿让袋鼠能一下跳出去数米之远。

在休息的时候，袋鼠会用尾巴来支撑身体。

鬣狗

强大的咬合力

鬣狗生活在气候干燥的稀树草原上，主要分布在非洲和中东地区，阿拉伯半岛到印度北部。它们有着健壮的身躯和敏锐的视觉，但是嗅觉和听觉比较差。鬣狗常在夜间捕食，对它们来说，这样成功的概率更大。它们有自己的领地，并且会在自己领地的草秆上留下气味，以此警告周围的入侵者。

鬣狗的咬合力非常强，可以毫不费力地咬碎坚硬的骨头。

母系社会有多强大

鬣狗过着母系社会的群居生活。雌性鬣狗要比雄性鬣狗体形更大、更强壮，因此它们拥有更高的地位和权力。每个族群的首领都是体格强壮的雌性鬣狗，它们支配着整个族群。在鬣狗群中，即使是最下层的雌性鬣狗，地位也要高于最上层的雄性鬣狗。

在颈部和背部
有鬃毛。

斑鬣狗的身上
有许多斑点。

斑鬣狗的前
腿长于后腿。

斑鬣狗	
体长	95 ~ 160 厘米
食性	肉食性
分类	食肉目鬣狗科
特征	咬合力超强，身上有黑色斑点

森林动物

 扫码获取

✓ 动画课堂
✓ 动物百科
✓ 趣味拼图
✓ 阅读打卡

野猪
山林霸王

　　家猪肥头大耳的形象，总让人觉得懒懒的，那野猪是什么样子呢？其实野猪是家猪的祖先，它们身体健壮，长着四只小短腿，还有一对直立的小耳朵，全身呈棕褐色，嘴巴里还有两对锋利的獠牙。中国是世界上最早将野猪驯化为家猪的国家。经过上千年的驯化，野猪与家猪已经有了很大的不同：野猪生长非常缓慢，而家猪很快就会长大；野猪很凶猛，有很强的杀伤力，家猪却相对温顺得多。

野猪	
体长	150 ~ 200 厘米
食性	杂食性
分类	偶蹄目猪科
特征	背脊上长有鬃毛，嘴巴里有獠牙

公猪的獠牙是它们挖掘食物的工具，也是武器。

野猪的鼻子很灵敏，能嗅到土壤里的食物。

用一口獠牙吓唬你

　　在野猪中，公猪的獠牙非常发达，它们的獠牙会不断地生长。平时獠牙会作为挖掘食物的工具，当受到攻击的时候，它们会用獠牙来疯狂地攻击敌人。母猪的獠牙比较短，不会伸出嘴巴，它们会用撕咬对方的方式来保护自己。

野猪的背脊上
长有厚厚的鬃毛。

老虎
百兽之王

　　只要提到"百兽之王"，我们第一个就会想到威风凛凛的老虎，这个宝座确实非老虎莫属。为什么只有老虎才称得上是百兽之王呢？因为老虎体态雄伟，强壮高大，是一种顶级掠食者，其中东北虎是世界上体形最大的猫科动物。老虎的皮毛大多数呈黄色，带有黑色或白色的花纹，脑袋圆圆的，尾巴又粗又长，生活在丛林之中，从南方的雨林到北方的针叶林中都有分布。

老虎	
体长	最长可达 370 厘米
食性	肉食性
分类	食肉目猫科
特征	皮毛上有黑色或白色的斑纹

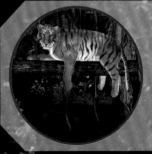

老虎会爬树吗

　　和大部分猫科动物一样，利用发达的肌肉和钩状的爪子，老虎也能爬到树上去寻找躲藏的猎物。不过因为老虎实在是太重了，为了避免损伤自己的爪子它们很少爬树，因此就给人们留下了一个"不会爬树"的印象。

身上黑黄相间的皮毛是老虎
隐藏在丛林之中的保护色。

锋利的牙齿和
有力的下颌会紧紧
咬住猎物的喉咙，
直到猎物窒息死亡
后才松开。

强壮的四肢让老
虎能快速接近猎物，
并将猎物制服。

大熊猫

可爱的国宝

大熊猫对生存环境可是很挑剔的，只生活在我国四川、陕西和甘肃等地的山区，它们可是我们的重点保护对象，是我们中国的国宝呢！大熊猫的毛色为黑白色，颜色分布很有规律，白色的身体，黑色的耳朵，黑色的四肢，还有一对大大的黑眼圈，非常有趣。它们走路时迈着"内八字"，壮硕的身体随之左右摆动，可爱极了。

大熊猫	
体长	120 ~ 180 厘米
食性	杂食性
分类	食肉目熊科
特征	黑白的毛色，有两个黑眼圈

大熊猫也会改善生活

大熊猫的祖先以肉食为主，在不断地进化和迁徙中，大熊猫越来越适应亚热带的竹林生活，体重逐渐增加，食性也慢慢地从吃肉转变为以吃竹子为主。虽然我们都知道大熊猫喜欢吃竹子，但是它们偶尔也会捕捉竹鼠之类的小动物来"开个荤"。

52

让全世界疯狂的"胖子"

因为大熊猫非常可爱，到哪里都备受欢迎，所以在很多国家的动物园中也设有熊猫馆。我国政府也曾经将可爱的大熊猫作为国礼赠送给其他国家，先后有多个国家接受过中国赠送的大熊猫。可爱的"胖子"大熊猫深受世界人民的喜爱，在国外，为了一睹大熊猫的真容，游客们甚至会排上好几个小时的队呢。

脸上的"黑眼圈"是大熊猫最显著的特征。

虽然笨重，但是大熊猫却很擅长爬树。

美洲狮
狐独的猎手

同样是猫科动物，美洲狮却与其他狮子和老虎不一样。美洲狮又叫作"美洲金猫"，它们喜欢在隐蔽、安宁的环境中生活。它们独来独往，不喜欢群居，只有在发情期才会与伴侣在一起。不过即使是在繁殖季节，大概两个星期之后美洲狮夫妇也会分道扬镳，重新开始各自独立的生活。

美洲狮

体长	86 ~ 154 厘米
食性	肉食性
分类	食肉目猫科
特征	棕黄色的皮毛，四肢很长

速度与高度兼备

美洲狮在跳跃方面有惊人的天赋，轻轻一跃，就能够跳出六七米远，也就是说，距离它20米左右的猎物，只要它跳跃三次就可以轻松捕获。而美洲狮的跳高纪录甚至可达5.4米！同时，美洲狮还擅于奔跑，最快速度可达每小时60千米，相当于一辆正常行驶的小轿车的速度。

美洲狮是如何捕猎的

优秀的身体素质使美洲狮成为一种相当成功的肉食性动物。美洲狮擅长跟踪猎物并埋伏攻击，它们总是看准时机，一招制敌。鼠、野兔和鹿、马、羊等有蹄类动物都是它们的最爱。

成年的美洲狮
身上没有花纹。

爪子上的毛发
和肉垫让美洲狮在
追踪猎物的时候不
会发出声音。

狗獾

树林里的夜行侠

狗獾是黑夜中的独行侠，也被称为"欧亚獾"，在欧洲和亚洲的大部分地区都有分布。狗獾是夜行动物，夜晚时出来活动觅食，白天就在土丘或者大树下的洞穴中休息。除此之外，狗獾还有冬眠的习性。在秋季，狗獾会吃很多东西，囤积大量的脂肪以备冬眠，寒冷的冬天过去之后，它们会在第二年的3月出洞，开始新一年的生活。

狗獾	
体长	50～70 厘米
食性	杂食性
分类	食肉目鼬科
特征	头上有三条白色条纹

锋利的爪子擅于挖土，以便寻找土里的昆虫等小动物。

尾巴比较短。

头上的三条条
纹是狗獾的特征。

锋利的牙齿曾经有
过咬断铁锹的记录。

狗獾吃些什么

依靠灵敏的嗅觉，狗獾能够准确地判断出食物的位置，并利用爪子挖掘食用植物的根茎。它们也会吃一些地下的昆虫幼虫和蚯蚓，还有水塘边的青蛙和小螃蟹。狗獾偶尔还会捕捉老鼠，甚至连腐烂的动物尸体也不放过。

袋獾

塔斯马尼亚恶魔

袋獾看上去其貌不扬，个头像一只小狗那样大，不过它们的名气可是非常响亮，在澳大利亚，它们被人们称作"塔斯马尼亚恶魔"！这是因为人们觉得袋獾的叫声很可怕，听起来像是一头被激怒的驴的叫声，而且声音非常大，听上去像是比袋獾身形大10倍的动物发出来的。袋獾不太擅长捕猎，所以大多时候吃的都是腐肉，这也在人们的眼中坐实了它们"恶魔"的称号。

袋獾	
体长	52 ~ 80 厘米
食性	肉食性
分类	袋鼬目袋鼬科
特征	身材较小，性情凶猛，嘴巴非常大

强大的咬合力

袋獾看起来像是一只可爱的小熊，但是千万不要被它们可爱的外表给骗了，袋獾的牙齿可以一口咬碎骨头。相对于各自的体积而言，袋獾是现存咬合力最强的哺乳动物，这与袋獾头的大小和头部的肌肉结构有一定关系。

牙齿非常锋利。

袋獾的下颌咬
合力非常强。

胸部有一条横
着的白色条纹。

刺猬

带刺的小园丁

如果你无意间发现一只浑身插满了"牙签"的大老鼠，那很有可能是遇见刺猬了！刺猬没有老鼠那样机灵，它们是一种生活在森林和灌木丛中的小型哺乳动物，刺猬长着短短的四肢和尖尖的嘴巴，还有一对小耳朵。聪明的刺猬会将有气味的植物咀嚼后吐到自己的刺上，以此来伪装自己。刺猬在睡觉的时候会打呼噜。

遇到敌人的时候，刺猬身上的尖刺能有效保护自己的安全。

刺猬

体长	25 厘米左右
食性	杂食性
分类	猬形目猬科
特征	身体大部分覆盖着尖刺

辛勤的小园丁

对人类来说是刺猬益兽，它们会捕食大量害虫，偶尔也会吃小蜥蜴和果子。它们在夜间外出捕食，一般情况下，一只刺猬能够在一个晚上吃掉200克虫子。刺猬每天勤勤恳恳地为公园、花园清除害虫，就像一只小小的园丁。

无从下口的刺球

　　刺猬身单力薄，行动缓慢，却有独特的自保本领。刺猬身体大部分都长满了坚硬的刺，当它们遇到危险的时候，头会马上向腹部弯曲，浑身竖起坚硬的刺包住头和四肢，变成一个坚硬的刺球，使敌人无从下口。

灵敏的嗅觉对于寻找食物来说十分重要。

蝙蝠

夜空中的影子

蝙蝠是翼手目哺乳动物的通称，可以分为大蝙蝠亚目和小蝙蝠亚目两大类，前者体形较大，主要吃水果，狐蝠就是其中之一；后者体形较小，除了捕捉昆虫还会捉一些小动物，或者取食动物的血液。蝙蝠主要居住在山洞、树洞，古老建筑物、天花板和岩石的缝隙中。成千上万只蝙蝠一起倒挂在岩石上，场面非常壮观。蝙蝠是需要冬眠的，但是它们不会沉沉地睡去，冬眠期间偶尔也会吃东西，被惊醒后还能正常飞行。蝙蝠

	伏翼
体长	3.5 ～ 4.5 厘米
食性	肉食性
分类	翼手目蝙蝠科
特征	个头比较小，翅膀上有翼膜

什么叫回声定位

蝙蝠能够生活在漆黑的山洞里，还经常在夜间飞行，是因为它们并不是靠眼睛来辨别方向的，而是靠耳朵和嘴巴。蝙蝠的喉咙能够发出很强的超声波，超声波遇到物体就会反射回来，反射回来的声波被蝙蝠用耳朵接收。根据接收到的声波，蝙蝠就能判断物体的距离和方向，这种方式叫作"回声定位"。

皮质的翼膜
适合飞翔。

大大的耳朵可以
更好地接收回声。

蝙蝠的眼睛小，
视力比较差。

猕猴

聪明的猴子

猕猴是一种非常常见的猴子，它们在同属猴类中属于小巧玲珑型的，脸部消瘦，毛发稀少。猕猴善于攀缘跳跃，行动敏捷，遇到危险可以快速跑得无影无踪。它们喜欢生活在海拔高、安静并且食物充足的地方。它们的食物很杂，如树叶、野菜、小鸟、昆虫、野果等。猕猴很聪明，它们会模仿人类的动作，非常有趣。

	猕猴
体长	51 ~ 63 厘米
食性	杂食性
分类	灵长目猴科
特征	尾巴相对较短，脸上有颊囊

猴子王国的篡位大战

在猴子王国里，王位争夺是非常残酷的，是一场你死我活的厮杀，如果猴王在竞争中被打败，那么它将被逐出猴群，成为一只四处流浪的孤猴。

灵活的四肢让
它们在树枝间行动
自如。

猕猴的犬齿很长，
在打斗的时候会给对手
造成严重的伤害。

在脸颊内有用来
储存食物的颊囊。

指猴

长手指的怪家伙

热带雨林中生活着一种外貌丑陋的动物。它们长着一身黑灰色的皮毛，看上去有点像松鼠，但是却属于灵长类动物。它们是一种小巧玲珑的猴子，名叫指猴。指猴是马达加斯加特有的一种原猴，同时也是世界上最大的夜行灵长类动物。指猴白天在巢穴里面睡觉，在黄昏时分才出来觅食，它们一般单独行动，偶尔也会群体外出。

指猴

体长	36 ~ 44 厘米
食性	杂食性
分类	灵长目指猴科
特征	手指细长，尾巴酷似松鼠

聪明的指猴是这样捕食的

在寻找食物的时候，指猴先是用中指敲击树皮，判断有没有幼虫蛀出的空洞，然后再把耳朵贴在树干上，认真听里面是不是有幼虫的响声，如果有，它们会先在树皮上咬一个小洞，再用中指把幼虫挖出来，开始享受美味。

耳朵很大，听觉非常灵敏。

指猴的手指细长。

吼猴

雨林里的吼声

吼猴是栖息于南美洲雨林中体形最大的猴子。像南美洲的其他猴子一样，吼猴也有长长的卷尾。它们可以用强壮、灵活的尾巴把自己悬挂起来，也可以用尾巴来抓握东西。

吼猴发达的下颌骨用来保护发声器官。

吼猴名字的由来

顾名思义，吼猴非常善于吼叫。吼猴的叫声响亮如雷，在几千米以外都能听得清清楚楚。那是因为吼猴有一种特殊的舌骨，这种舌骨的样子像一个马蹄铁，特别大，能够形成一种回音装置，从而发出震撼四野的吼声。每当吼猴需要向同类发出各种不同含义的信号时，那异常巨大的吼声不停息地响彻森林。

吼猴的尾巴
也能帮助它们抓
握东西。

红吼猴

体长	46 ~ 72 厘米
食性	杂食性
分类	灵长目蛛猴科
特征	毛发发红，吼声极其响亮

环尾狐猴

毛茸茸的尾巴有妙用

环尾狐猴只生活在非洲的马达加斯加岛上南部的干燥丛林中，它们是一种比较原始的灵长类动物。它们到底长什么样子呢？和浣熊是一种生物吗？环尾狐猴的名称来源于它们身后那一条带环状花纹的尾巴。它们和浣熊还是有点差别的。环尾狐猴的头比较小，嘴部向前突出，脸部看上去和狐狸很像，因此被称为狐猴。它们行动灵活，擅长攀爬、奔跑和跳跃，纵身一跃能够跳出几米远，它们还能像人一样直立行走。环尾狐猴喜欢成群结队地玩耍、觅食，是唯一一种在白天活动的狐猴。

环尾狐猴	
体长	30 ~ 45 厘米
食性	杂食性
分类	灵长目狐猴科
特征	尾巴上面有黑白相间的环纹

大尾巴的作用

　　环尾狐猴条纹旗一样的尾巴可不是只有展示的作用，尾巴上长着细软蓬松的长毛，可以起到保暖的作用，还可以在奔跑和跳跃的时候让身体保持平衡。它们会把尾巴举得高高的，作为一种沟通的方式。在发生打斗时，环尾狐猴的臭腺会分泌出一种带有恶臭气味的液体，它们把这种液体涂在尾巴上，然后不停地挥舞尾巴将气味扇向敌人，作为防御的武器。

尾巴上的环状花纹是环尾狐猴的特征。

眼睛比较大，视力很好。

前臂上有臭腺。

蜘蛛猴

奇怪的"蜘蛛"

在亚马孙雨林中，高高的树冠区域总是有一些动物在树枝间悠来荡去。这些动物长着细长的四肢，就像是一只巨型蜘蛛吊在树枝上，难道真的是巨型的蜘蛛吗？当然不是，这种酷似蜘蛛的动物其实是一种猴子——蜘蛛猴。因为蜘蛛猴的身体和四肢又细又长，经常在树上活动，远远望去就像一只巨大的蜘蛛，因此被人们取了"蜘蛛猴"这样一个名字。

黑掌蜘蛛猴

体长	39 ~ 63 厘米
食性	植食性
分类	灵长目蜘蛛猴科
特征	尾巴异常灵活，四肢很长

胆子小小的蜘蛛猴

蜘蛛猴生活在中南美洲的热带丛林里，生性胆小多疑但很聪明。它们白天三五成群地出来活动和觅食，晚上则上百只在一起睡觉。当有危险来临时，蜘蛛猴能够像狗一样狂叫，并且不断地向敌人投掷树枝和粪便，试图赶走敌人。

四肢都比较细长。

大猩猩
森林中的"人"

  大猩猩是灵长目中除了人和黑猩猩以外最大、最聪明的动物。它们十几只组成一个小型的群体，在一头银背大猩猩的带领下生活在非洲中部的雨林之中。大猩猩常与红毛猩猩和黑猩猩并称为"人类的最直系亲属"。

捶打胸口是大猩猩展示武力和发泄情绪的一种方式。

大猩猩的繁殖

  大猩猩是一种寿命很长的动物，生长和繁殖的周期非常漫长。在野外，雄性大猩猩在11~13岁左右成年，雌性大猩猩要在10~12岁左右成年，雌性大猩猩的产崽间隔通常是8年。不管什么时候，只要有机会雄性大猩猩就会试着与能够怀孕的雌性猩猩交配。但是能够怀孕的雌性猩猩则会选择当地处于统治地位的成年雄性大猩猩。

西部大猩猩

体长	150 ～ 180 厘米
食性	杂食性
分类	灵长目人科
特征	前肢长后肢短，非常强壮

作为首领的雄性大猩猩背部是银色的，所以也叫"银背大猩猩"。

大猩猩通常用前肢的指关节着地行走。

狒 狒

高智商的猴子

狒狒身上有比较长的毛发。

狒狒的智商是很高的。科学家发现，狒狒具有复杂抽象的推理能力，这种能力是人类智能的基础。狒狒生活在非洲的沙漠边缘和热带丛林里，是一种社群生活最为严密、有明显等级秩序和严明纪律的灵长类动物。

善于交流产生的神奇作用

科学家们在研究狒狒生活的时候发现了一个现象，就是喜欢聚堆交流的雌性狒狒养育的孩子比其他狒狒的幼崽存活率要高。当它们遇到危险时，同类之间也会发出求救信号，请求支援。

狒狒的獠牙很发达。

狒狒

体长	51 ~ 114 厘米
食性	杂食性
分类	灵长目猴科
特征	身上有棕色的毛发，脸部为红色

树懒

最懒的动物

树懒可以说是世界上最懒的动物了。树懒主要以树叶、嫩芽和果实为食，是严格的素食主义者。它们行动迟缓，爬得比乌龟还要慢，在树上只有每分钟4米的速度，在地面上则只有每分钟2米的速度。与它们缓慢的陆地行动能力不同，树懒是游泳健将，在雨林的雨季，树懒经常通过游泳在泛滥的洪水中从一棵树转移到另一棵树。

三趾树懒

体长	50 ~ 60 厘米
食性	植食性
分类	披毛目树懒科
特征	前肢只有3根脚趾，身上有粗糙的毛发

倒挂在树上的一生

我们看到的树懒都是倒挂在树上的，那是因为树懒已经进化成树栖生活的动物，丧失了地面生活的能力。树懒在平地走起路来摇摇晃晃，很难保持平衡。而且它们主要依靠两条前肢来拉动身体前进，速度非常缓慢。树懒的爪子很灵活，呈钩状，能够牢固地抓住树枝，把自己吊在树上，即使睡着了也没有关系。

生命在于静止的树懒

树懒是一种非常懒惰的哺乳动物，平时就挂在树上，懒得动，懒得玩，什么事都懒得做，甚至连吃东西都没什么动力。如果一定要行动的话，树懒的动作也是相当缓慢的。树懒的动作慢，进食和消化也慢，它们需要很久才能把吃下去的食物彻底消化，因此树懒的胃里面几乎塞满了食物。它们每5天才会爬到树下排泄一次，真是名副其实的懒家伙。

爪子非常长，比较锋利，适合爬树。

尽管树懒的周围都是食物，但它们的进食速度还是非常慢。

树懒的皮毛呈褐色和绿色，其中绿色是因为毛发上生长了藻类。

树袋熊

喜欢睡觉的可爱毛球

树袋熊又叫"考拉"，是澳大利亚珍贵的原始树栖动物。虽然它们体态憨厚，长相酷似小熊，但它们并不是熊科动物，而是有袋类动物。树袋熊长着一身软绵绵的短毛，鼻子乌黑光亮，脸上永远挂着一副睡不醒的表情，非常惹人喜爱。它们一天中做得最多的事就是趴在树上睡觉，每天能睡17~20个小时，醒来以后的大部分时间用来吃东西，生活非常悠闲。树袋熊性情温顺，行动迟缓，过着独居的生活，每只树袋熊都有自己的领地，只有在繁殖的季节，雄性树袋熊才会聚集到雌性树袋熊附近。

树袋熊

体长	70 ~ 80 厘米
食性	植食性
分类	双门齿目树袋熊科
特征	皮毛呈灰褐色，耳朵较大

不喝水的动物

树袋熊从每天所吃的桉树叶中获取生活所需水分的90%，只有在生病或者遇到干旱的时候才会主动喝水。在日常生活，它们从取食的桉树叶中摄取的水分就已经足够用了。

80

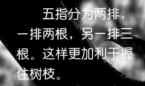

五指分为两排，一排两根，另一排三根。这样更加利于握住树枝。

毛茸茸的大耳朵非常可爱。

非常喜欢蹲坐在树杈的位置上休息。

身上的毛发呈灰褐色。

吃了有毒的叶子真的不会中毒吗

　　树袋熊专门吃生长在澳大利亚东部的桉树叶，桉树叶的纤维含量很高，营养价值却很低，所以一只树袋熊每天需要吃400克的树叶。而且对于大多数动物来说，桉树叶有很大的毒性，但是树袋熊的肝脏恰好可以分解这种有毒物质。

袋熊
辛勤的挖掘者

袋熊是生活在澳大利亚温带地区的一种有袋类动物。它们的长相有点像熊，但是比熊要小得多，因为可爱的长相备受人们宠爱。袋熊喜欢穴居生活，是挖洞小能手。它们居住的洞穴又大又深，最深可以挖到地下10米。袋熊性格孤僻，喜欢独来独往，是一种夜行动物。

塔斯马尼亚袋熊

体长	80 ~ 130 厘米
食性	植食性
分类	双门齿目袋熊科
特征	看上去像是小个子的熊，四肢很短

慢性子的袋熊

袋熊是生活节奏比较慢的动物，为了在干燥的环境下生存，它们的新陈代谢变得非常慢，需要好几天时间才能完成消化。此外，袋熊的移动速度也比较慢，行动非常迟缓。

袋熊的视力不
是很好。

臀部长着软骨
结构，能抵御天敌
的撕咬。

依靠灵敏的嗅
觉，袋熊在夜里要
比白天更容易找到
食物。

棕熊

相貌憨厚的庞然大物

棕熊是陆地上最大的肉食性哺乳动物之一，它们有着肥壮的身子和有力的爪子，力气极大。它们的后肢非常有力，能够站在湍急的河水里捕鱼。棕熊的食谱十分广泛，从植物根茎到大型有蹄类动物都被它们纳入了菜单。虽然棕熊有不少与人类和谐相处的事迹，但它们依旧是非常危险的动物。

棕熊	
体长	150 ~ 280 厘米
食性	杂食性
分类	食肉目熊科
特征	皮毛为棕色，头大而圆

洄游路上的拦路杀手

当秋天的鲑鱼开始洄游的时候，棕熊们会聚集到这些鱼洄游的必经河段，它们终日在浅水和瀑布附近埋伏狩猎。洄游期间，即将产卵的鱼十分肥美，每一头棕熊都会在此期间大吃一顿，为接下来的冬眠做好充足准备。

大睡特睡一冬天

从冬天开始，棕熊就带着积攒了一个秋天的脂肪，开始寻找适合冬眠的地方。它们通常会选择背风的大树洞或者岩石缝隙，在里面铺满柔软的枯草、树叶或者苔藓，然后小心翼翼地隐蔽自己的足迹，躲到洞里睡觉。冬眠的棕熊只依靠身上的脂肪来维持生命，一直到第二年春天才出来活动。

身上的皮毛非常厚，
能抵御其他动物的攻击，
厚厚的皮毛也让它们不惧
严寒。

扫一扫

扫一扫画面，小
就可以出现啦！

棕熊的爪子可以用来
狩猎、捕鱼或是爬树，也
能挖掘土壤，寻找里面的
食物。

黄鼬
被冤枉的捕鼠能手

黄鼬俗称"黄鼠狼"，是食肉目中体形较小的一类。黄鼠狼长脖子上顶着个小脑袋，四肢较短，每只脚都有五根脚趾，脚趾上还带有尖锐弯曲的爪。黄鼠狼背上的毛发呈赤褐色，腹部为黄褐色，身体灵巧，行动敏捷，而且胆子很大。黄鼠狼喜欢在夜间单独捕食，主要食物为啮齿动物、鱼、蛙和鸟卵。

黄鼬

体长	28 ~ 40 厘米
食性	杂食性
分类	食肉目鼬科
特征	身体细长，毛发呈棕黄色

棕黄的毛色是黄鼬的特征。

有一条毛茸茸的大尾巴。

被冤枉的偷鸡贼

有一句家喻户晓的歇后语是"黄鼠狼给鸡拜年——没安好心"，确实有黄鼠狼偷鸡的事情发生，但家禽并不是黄鼠狼的主食。对捕获的黄鼠狼进行研究表明，仅有极少数的黄鼠狼被发现有过偷食家禽的情况。黄鼠狼的主要食物是啮齿动物，而不是家鸡，因此黄鼠狼一直被冤枉着。

身材矮小而细长，适合在狭小的地方穿行。

狐狸

丛林中的天才猎手

狐狸生性多疑、狡猾机警。狐狸的皮毛颜色变化很大，大部分是根据季节变化而发生改变的，一般呈红褐、黄褐、灰褐色等。狐狸具有敏锐的视觉和嗅觉，锋利的牙齿和爪子，还有在哺乳动物中数一数二的奔跑速度和灵活度。这些能力使狐狸成为一个具有敏锐洞察力的丛林中的天才猎手。

赤狐

体长	约 70 厘米
食性	杂食性
分类	食肉目犬科
特征	身体大部分颜色为红色或红褐色

狐狸尾巴的作用

　　狐狸有着长而蓬松的尾巴，不要小瞧这条毛茸茸的尾巴，它的用处可不少呢。当狐狸追击猎物时，粗壮的尾巴可以使它保持平衡，以便于在较短的时间内捕获猎物。美味享用完毕后，尾巴还可以替它"毁灭证据"，清除地上的足迹与血迹。在冬季，狐狸休息的时候还会把身体蜷缩成一团，用尾巴把自己包裹住来抵御寒冷。

狐狸的听
觉非常灵敏。

狐狸尾巴根部有
一对臭腺，能分泌带
有恶臭味的液体，是
很好的防御武器。

吻端狭窄。

四肢的末端
呈黑色。

北美驼鹿

寒冷森林里的巨兽

北美驼鹿喜欢在丛林中的低洼地带或沼泽地活动，很少会远离丛林。北美驼鹿的眼睛较小，鼻部宽大下垂，雄性驼鹿的头顶还长有一对硕大的鹿角。驼鹿擅于奔跑，还擅长游泳和跳跃，甚至能够潜到水下去觅食，然后再将食物带出水面进行咀嚼。它们吃各种植物的芽、茎、叶，经常在黎明和黄昏觅食。

北美驼鹿

体长	240 ~ 310 厘米
食性	植食性
分类	偶蹄目鹿科
特征	长着手掌形的鹿角，是世界上鹿角最大的种类

手掌形的鹿角

北美驼鹿与亚洲和欧洲驼鹿的一个明显的区别在于，北美驼鹿的角后端并不是枝杈形，而是连在一起，呈扁平状的手掌形。这对鹿角的掌形结构要比欧洲的驼鹿更加明显。北美驼鹿的角宽可达1.8米，是现存所有鹿中鹿角最大的。

能把车撞坏的大家伙

    北美驼鹿的身体结构比较特殊，身体非常结实。在北美驼鹿出没的地区，它们经常误闯高速公路而引发事故。在发生交通事故时，驼鹿沉重的身体会撞碎风挡玻璃砸进车内，这不仅会对北美驼鹿自己造成严重的伤害，就连驾驶员也会有生命危险。在北美驼鹿经常出没的地方需要标有警示牌提醒过往司机注意。加拿大的一些北美驼鹿分布区还专门设置了隔离网，用以防止北美驼鹿进入高速公路。

手掌形的鹿角是北美驼鹿的标志之一。

肩背部高高隆起，看上去有点像骆驼的背部，故名驼鹿。

强壮的腿让北美驼鹿能快速奔跑。

梅花鹿
森林的精灵

在郁郁葱葱的森林里，生活着一群活泼可爱的梅花鹿，据说它们是森林里的精灵，给死气沉沉的森林带来了一丝灵气。梅花鹿属于中型鹿类，四肢修长，善于奔跑，喜欢居住在山地、草原等一些开阔的地区。它们的眼睛又大又圆，非常漂亮；它们也非常聪明机警，遇到危险可以迅速逃脱。

梅花鹿	
体长	125 ~ 145 厘米
食性	植食性
分类	偶蹄目鹿科
特征	背部和身体两侧有白色斑点

与生俱来的保护色

梅花鹿背上和身体两侧的皮毛上布满白色斑点，形状像梅花一样，梅花鹿的名称就是由此而来的。梅花鹿的毛色会随着季节的变化而变化，毛色的不断变换让梅花鹿能够更好地隐藏自己，不被掠食者发现。

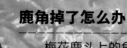

鹿角掉了怎么办

梅花鹿头上的角非常漂亮。它们的鹿角很像规则的树枝，主干向两侧弯曲，呈半弧形；两边各分出四个叉，角尖稍向内弯曲。梅花鹿的鹿角不是一生只有一对，每年4月，它们的鹿角会自然脱落，就像换牙一样，在老鹿角脱落的地方长出新的鹿角，所以即使它们的鹿角意外断掉了也不要紧，新的鹿角会随着时间慢慢生长，成为它们的新武器。

鹿角在硬化之前，表面由一层棕黄色的天鹅绒状的皮包裹着，这种带着茸毛的角就是我们所说的鹿茸。

鹿的听觉非常灵敏，听到任何风吹草动都会迅速逃跑。

腿部纤细而有力，可以快速奔跑。

獾狐狓

长颈鹿的亲戚

獾狐狓生活在非洲的热带雨林里，面部和长颈鹿相似，但是和长颈鹿比起来，它们的脖子短了很多。在獾狐狓刚刚被发现的时候，人们认为它们并不存在，觉得它们的皮毛是由斑马和长颈鹿的皮拼接成的。直到獾狐狓的标本和骨骼被运送到欧洲，人们才意识到这种动物其实与长颈鹿有着亲缘关系。

獾狐狓

体长	190～250 厘米
食性	植食性
分类	偶蹄目长颈鹿科
特征	腿上有条纹，长相酷似长颈鹿，头上有短角

灵活的舌头有什么用

獾狐狓长着一条蓝色的舌头，大约有30厘米长。獾狐狓的舌头很灵活，可以用来卷取树上的叶子，获取赖以生存的食物。獾狐狓很爱干净，时常用自己的舌头来清洁眼睛和鼻子。

獾㹢狓有一对
大耳朵，它们的听
觉非常灵敏。

獾㹢狓的头顶
上有一对小角。

獾㹢狓不睡觉吗

　　獾㹢狓从来不贪睡。它们每天的睡
眠时间只有1个小时。因为獾㹢狓是独居
动物，遇到危险时只能靠自己，所以它
们要时刻保持高度警惕的状态。

鼯鼠

小小滑翔机

鼯鼠	
体长	约 25 厘米
食性	杂食性
分类	啮齿目鳞尾松鼠科
特征	体形小巧，前后肢之间有飞膜

尾巴经常贴在后背上。

身上长着软软的绒毛。

在森林里的大树上生活着机灵的鼯鼠。鼯鼠体形小巧，行动非常敏捷，跳跃能力很强。它们大部分时间都生活在树上，白天在树洞中睡觉，晚上出来觅食。树上的嫩叶，掉落的种子、果实以及昆虫等小动物都是它们最喜欢的食物。它们经常独自居住，胆子却很小，一有风吹草动，就会立刻从高处跳下来滑翔逃跑。

鼯鼠的家在哪儿

鼯鼠喜欢居住在树洞里，不过它们自己却没有建造洞穴的本事。那么它们住的树洞是怎么来的呢？原来，啄木鸟每年繁殖的时候就会在树干上用嘴巴凿出一个新的洞穴，而旧的洞穴则被抛弃了。等到啄木鸟离开，鼯鼠就会搬进啄木鸟的旧居，把这里当成自己的新家。

小巧的爪子能抓住树干，也能灵活地捧起食物。

鼯鼠的前后肢之间长有飞膜，它就是利用这个飞膜在树木之间滑翔的。

在滑翔的时候尾巴可以保持平衡。

高超的滑翔技术

在鼯鼠的前肢外侧，有一根突出的软骨。这根软骨就像是它的第六根指头，能够撑起飞膜的外侧，就像是飞机机翼尖端垂直的小翼。利用这个结构，鼯鼠可以在滑翔中实现快速转弯，以此来躲避突如其来的障碍或是猫头鹰的追击。

高原和极地动物

扫码获取
✔ 动画课堂
✔ 动物百科
✔ 趣味拼图
✔ 阅读打卡

雪 豹
高山猎手

在高原地区生活着一群大型猫科肉食性动物，它们就是大名鼎鼎的高山猎手——雪豹。聪明的雪豹历经千年终于找到了适应生存环境的好办法——长出一身灰白色的皮毛，这样就能更好地在雪地里掩护自己了。因为雪豹经常在高山的雪线和雪地中活动，所以就有了"雪豹"这样一个名字。由于雪豹是高原生态食物链中的顶级掠食者，因此有"雪山之王"之称。雪豹喜欢独行，生活在高海拔山区，经常在夜间出没。

雪豹的尾巴有多长

雪豹的尾巴几乎和身体一样长。这条长长的尾巴是它们在悬崖峭壁上捕捉猎物时保持平衡的法宝。

雪豹

体长	100 ~ 130 厘米
食性	肉食性
分类	食肉目猫科
特征	皮毛呈灰白色，有斑点，尾巴较长

追随雪线的雪山之王

雪豹是高山动物，主要生存在高山裸岩、高山草甸和高山灌木丛地区。它们夏季居住在海拔5000米的高山上，冬季追随改变的雪线下降到相对较低的山上。

雪豹长着灰白色的皮毛，皮毛上有黑色的环状和点状花纹。这些花纹是它们在高山雪线和雪地环境活动的"迷彩服"。

雪豹的听觉和嗅觉都很灵敏，可以敏锐地发现猎物和天敌。

爪子宽大，便于雪豹在雪地中行走。

小熊猫

不是熊也不是猫

你知道吗，小熊猫并不是幼小的熊猫，而是一种早在900多万年以前就已经出现在地球上的动物。小熊猫也叫"红熊猫"，体形比猫肥壮，全身红褐色，脸很圆，上面带有白色的花纹，耳朵直立向前，毛茸茸的大尾巴又长又粗，带有白色环状花纹，非常好看。小熊猫白天的大部分时间都在睡觉，只有清晨和傍晚才会出来觅食。它们步履蹒跚，行动缓慢，是一种非常可爱的动物。

它们的长相与浣熊有点像，可不要认错。

小熊猫	
体长	40 ~ 63 厘米
食性	杂食性
分类	食肉目小熊猫科
特征	皮毛红褐色，尾巴上有白色环纹

小熊猫是猫还是熊

　　小熊猫的体形非常小，还长有大大的三角形耳朵和蓬松的长尾巴，因此很多人都觉得小熊猫和猫很像，但小熊猫并不是猫科动物。其实小熊猫既不是猫也不是熊，它"自成一派"，是小熊猫科中的唯一一种动物。

馋嘴的小熊猫最爱吃什么

　　小熊猫喜欢吃新鲜的竹笋、嫩枝、树叶和野果等，它们最喜欢带有甜味的食物，就像小孩子一样。

锋利的爪子赋予它们高超的攀爬能力。

北极熊

北极霸主

北极熊憨厚朴实的模样非常讨小孩子喜欢。它们体形庞大，披着一身雪白的皮毛。虽然不能在水中游泳追击海豹，但北极熊也是游泳健将，它们的大熊掌就像船桨一样在海里摆动。北极熊的嗅觉非常灵敏，能够闻到方圆1000米内或者雪下1米内猎物的气味。海豹是北极熊的主要食物，它们也会捕食海象、海鸟和鱼，对于搁浅在海滩上的鲸也不会客气。

北极熊	
体长	180 ~ 250 厘米
食性	肉食性
分类	食肉目熊科
特征	全身为白色的皮毛

夏天和冬天的局部休眠

北极熊的局部休眠并不是像其他冬眠动物那样会睡一整个冬天，而是保持似睡非睡的状态，一遇到危险可以立刻醒来。北极熊也会很长一段时间不进食，但不是整个冬季什么都不吃。科学家们发现，北极熊很可能有局部夏眠，就是在夏季浮冰最少的时候，它们很难觅食，于是会选择睡觉。科学家在熊掌上发现的长毛可以说明它们在夏季几乎没有觅食。

虽然北极熊的皮毛看上去是雪白的，但是实际上是空心透明的，在阳光的折射下才显出白色的外观。

爪子非常有力，可以一击制伏一头海豹。

北极狐
会变色的狐狸

北极狐生活在北冰洋的沿岸地带和一些岛屿上的苔原地带。和大多数生活在北极的动物一样，北极狐也有一身雪白的皮毛。它们还有一条毛发蓬松的大尾巴。北极狐主要吃旅鼠，也吃鱼、鸟、鸟蛋、贝类、北极兔和浆果等，可以说能找到的食物它们都会吃。

耳朵非常灵敏，能听到雪下的旅鼠发出的声音。

北极狐	
体长	50 ~ 60 厘米
食性	杂食性
分类	食肉目犬科
特征	毛色随季节变化，冬季为白色

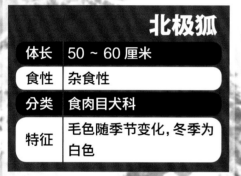

和其他犬科动物一样，北极狐的嗅觉也非常灵敏。

北极熊追踪者

夏天是食物最丰富的时候，每到这时，北极狐都会储存一些食物在自己的巢穴中。到了冬天，如果巢穴里储存的食物都被吃光了，北极狐就会偷偷跟着北极熊，捡食北极熊剩下的食物，但是这样做也是非常危险的。因为当北极熊非常饥饿却找不到食物时，就会把跟在身后的北极狐吃掉。

北极狐会变色吗

　　北极狐的皮毛会随季节变化而变化。在冬季时北极狐身上的毛发呈白色，只有鼻尖是黑色的，到了夏季身体的毛发变为灰黑色，腹部和面部的颜色较浅，颜色的变化是为了适应环境。北极狐的足底有长毛，适合在北极那样的冰雪地面上行走。

四肢相对较长。

北极兔

冰雪世界的伪装者

北极兔生活在北极地区，它们的体形较大，脑袋也比一般的兔子大而且长。为了适应北极与山地的环境，北极兔有着适应季节的毛色，这些使得毛茸茸的北极兔像雪中精灵一样在寒冷的北极繁衍生息。在冬季，北极兔们或缩成一团抵御寒风，或在雪地里跑跳，白色的绒毛与雪景融为一色，使它们成了冰雪世界里出色的伪装者。

北极兔

体长	55 ~ 71 厘米
食性	植食性
分类	兔形目兔科
特征	皮毛为白色，腿比较长

敏锐的嗅觉

北极兔是群居动物，它们除了用肢体语言沟通以外，还有一种特殊的方式，就是靠着敏锐的嗅觉来传递信息。当北极兔嗅到危险的气息时，就会留下特殊的嗅觉记号，以供同伴辨识。

身上的皮毛较长。

平时喜欢伏在
地上，有时也会蹲
坐起来张望四周。

足部的毛很长，
因此北极兔也被叫作
"毛脚兔"。

旅鼠

北极荒野中的小老鼠

在北极圈附近，生活着一群活蹦乱跳的小老鼠——旅鼠。小小的旅鼠体形呈椭圆形，有着圆滚滚的身材。旅鼠的毛发柔软，颜色呈浅灰色或浅红褐色，有时会变成明亮的橘红色，到了冬天毛发会变成白色，起到掩护的作用。旅鼠一顿可以吃掉自身体重2倍的食物，如草根、草茎和苔藓等，凡是能在北极看到的植物都能成为它们的食物，因此旅鼠还被当地人戏称为"肥胖忙碌的收割机"。

旅鼠

体长	10 ~ 18 厘米
食性	植食性
分类	啮齿目仓鼠科
特征	外观很像仓鼠，皮毛有时会变成橙红色

从天而降的"小老鼠"

由于旅鼠惊人的繁殖能力，它们在食物充足时会繁殖出数量巨大的后代。因此每隔几年，就会迎来一次旅鼠数量的高峰期。在人类眼中，这些小动物经常在北极地区的荒野中突然之间变得特别多，而后又很快就消失了，所以在北极圈周边有着"小老鼠"是随着风暴从天上掉下来的传说。

"受欢迎"的旅鼠

旅鼠数量庞大，在北极地区的荒野上，以旅鼠为食的动物有很多。白鼬、北极狐、雪鸮及一种名为长尾贼鸥的海鸟是旅鼠的"四大天敌"。除了这些动物，北极熊也会把旅鼠当作点心，甚至麋鹿偶尔也会捕食旅鼠来改善一下伙食。

它们长着小小的耳朵。

身材和仓鼠很像。

水生动物

水獭

河中的精灵

水獭是一种生活在淡水河流和湖泊中的水生哺乳动物。水獭的四肢很短，身披褐色或咖色的皮毛。水獭擅长游泳，它们这一身光滑的皮毛可以有效地减小水下的阻力。水獭的鼻孔和耳道处生有小圆瓣，潜水时可以关闭，防止进水。白天，水獭喜欢在洞中休息，晚上才出来捕食。它们喜欢吃鱼，有时也会捕捉蛙类和虾蟹等小动物。

水獭

体长	56 ~ 80 厘米
食性	肉食性
分类	食肉目鼬科
特征	皮毛光滑，耳朵短小

凶猛的水獭

虽然水獭看上去非常可爱，但它们可不是理想的宠物。水獭性情非常凶猛，在遭到攻击的时候敢于向体形较大的敌人发起反击。南美洲的一种大型水獭甚至敢于捕捉幼年的鳄鱼作为食物！

水獭如何繁衍后代

　　水獭喜欢独来独往，只有在繁殖期才会成双成对地出现。水獭的繁殖时间很自由，一年四季都可以是繁殖期。它们也会为了争夺配偶而大打出手。水獭的寿命一般在15～20岁，而小水獭在1岁左右就会离开妈妈，自己捕捉食物，开始独自生活。

耳朵非常小，这是它们在进化过程
中为了适应水中生活而发生的变化。

水獭的身体细长，
呈流线型，它们在水中
游泳的身姿非常优美。

爪子很锋利，
趾间有蹼。

115

河马

看似温顺的猛兽

河马	
体长	200 ~ 500 厘米
食性	杂食性
分类	偶蹄目河马科
特征	外形圆滚滚，有着巨大的嘴巴和牙齿

因为常年在水中生活，河马的皮肤非常敏感。

河马的牙齿很锋利，呈獠牙状，是危险的武器。

河马的皮下脂肪很厚，让它能在水中保持体温。

河马是一种喜欢生活在水中的哺乳动物。河马生活在非洲热带水草丰茂的地区，体形巨大，体重可达3吨，头部硕大。它们的皮肤很厚，呈灰褐色，皮肤表面光滑无毛。它们的趾间有蹼，喜欢待在水里，庞大而沉重的身躯只有在水里才能行走自如。它们平时喜欢将身体没入水中，只露出耳朵、眼睛和鼻孔。河马喜欢群居，由成年的雄性河马带领，每群一般有20~30头，有时也会多达百头。

116

扫一扫

扫一扫画面，小动
物就可以出现啦！

汗血宝"马"

河马的汗腺里能分泌一种红色的液体，用来滋润皮肤，起到防晒的作用，因为很像是流出来的血，所以被称为"血汗"。

不要被它可爱的外表欺骗

虽然河马看上去圆滚滚的非常可爱，实际上它们却是一种非常危险的动物。它们性格暴躁，攻击性极强，经常无缘无故就对周围的动物发起攻击。在非洲，河马是每年导致人类死亡最多的野生动物。

巨大的嘴巴是雄性河马之间互相打斗的武器。

117

鸭嘴兽

长着扁嘴巴的怪家伙

　　鸭嘴兽是最原始的哺乳动物之一，它们能像鸟类一样产卵，卵孵化后又能像哺乳动物一样给幼崽喂奶。鸭嘴兽历经数万年，既没有灭绝，也没有进化成其他样子。鸭嘴兽栖息在河流、湖泊中，喜欢吃水生动物，通常在清晨和黄昏的时候在水边猎食。鸭嘴兽胃口很大，每天要吃掉和自己身体一样重的食物。

鸭嘴兽的毛发可以隔绝空气，保持体温。

鸭嘴兽

体长	40 ~ 50 厘米
食性	肉食性
分类	单孔目鸭嘴兽科
特征	嘴巴像鸭子一样，趾间有蹼

118

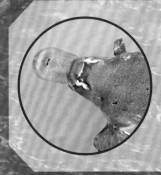

鸭嘴兽是如何下毒的

在哺乳动物中，用毒液进行自卫的只有少数，鸭嘴兽就是其中之一。雄性鸭嘴兽脚掌后面有一根空心的硬刺，在与敌人打斗时，鸭嘴兽会用硬刺戳向敌人并放出毒液，这就是它们的"护身符"。

鸭子一样的扁嘴是鸭嘴兽最显著的特征。

尾巴是扁平状的。

爪子上有蹼。

鸭嘴兽名字的由来

在200多年前，一批英国探险者在澳大利亚第一次发现鸭嘴兽，并将它的毛皮和标本带回了欧洲。科学家们看到的这件鸭嘴兽标本长着水獭一般浓厚的皮毛，尾巴宽厚像河狸，嘴巴像鸭子一样宽大扁平，趾间还有蹼。他们下意识地以为这是一件人为拼凑出来的标本，便把它拆开想要找到拼接的痕迹，但完全没有找到。于是科学家们把它命名为鸭嘴兽。

海 象
海里的大象

海象之所以有这样一个名字主要是由于它们长着一对和大象的象牙非常相似的犬齿。海象的皮很厚，而且有很多褶皱，不仅如此，它们的身上还长着稀疏却坚硬的体毛，看上去就像一位年迈的老人。海象的鼻子短短的，没有外耳郭，看上去十分丑陋。由于常年生活在水中，海象的四肢已经退化成鳍，当海象上岸时，它们只能缓慢地蠕动。

海象	
体长	290 ~ 450 厘米
食性	肉食性
分类	食肉目海象科
特征	有一对很长的"象牙"

发达的犬齿有什么用

海象的独特之处就是它们的上犬齿非常发达。遇到危险时，"象牙"可以保护自己和攻击敌人，是它们最便捷的武器；在寻找食物的时候，"象牙"还可以帮助它们在泥沙中掘取蚌、蛤、虾、蟹等食物；除此之外，在海象爬上冰面的时候，"象牙"还能支撑身体，把它们庞大的身躯固定在冰面上，就像两根登山手杖一样。

眼睛比较小，
视力不是很好。

厚厚的皮下脂肪在潜
水的时候可以保持体温。

海豹

水下技能高超的哺乳动物

海豹是食肉目鳍足亚目海豹科动物的通称，这一类动物在全世界都有分布，尤其在寒冷的两极海域比较多，在我国的渤海海域也有野生的斑海豹。它们以鱼和贝类为食，海狮和海象都是它们的近亲。海豹的游泳本领很强，同时还喜欢潜水，在游泳和潜水疲劳的时候，海豹们会成群结队地来到岸上或者浮冰上休息。

竖琴海豹	
体长	约 170 厘米
食性	肉食性
分类	食肉目海豹科
特征	幼崽长着白色的皮毛，成年背后则有竖琴状斑纹

雄性间的争斗

雄性海豹拥有"妻妾"的多少在很大程度上是由其体质状况决定的，年轻体壮的雄性海豹往往有较多的"妻妾"。在发情期，雄性海豹便开始追逐雌性海豹，一只雌性海豹后面往往跟着很多只雄性海豹，但雌性海豹只能从中挑选一只作为自己的伴侣。因此，雄性海豹之间不可避免地要发生争斗。

海豹和海狮有什么不同

　　海豹和海狮长得很像，有时候人们会区别不开这两种动物。但是仔细观察就会发现，它们之间还是有很多不同之处的。海狮的头比较尖，有一对小小的外耳郭，而海豹则只有短短的脖子和比较圆的脑袋，没有外耳郭。仔细对比海狮和海豹的爪子，我们会发现海狮的爪子更像是鳍，外表光滑而且比较长，后脚的鳍可以朝前摆放，而海豹的爪子毛茸茸的，还带有细小的钩爪，前脚也比较短。凭这两点足以区分它们了。

竖琴海豹的幼崽长着毛茸茸的白色皮毛，等它们成年时，毛色会慢慢变成银色，背部还会有类似竖琴的图案。

身上的鳍肢赋予竖琴海豹优秀的游泳能力。

与大部分生活在海洋里的哺乳动物一样，海豹也有很厚的皮下脂肪。

家养动物

猫

温柔的陪伴者

"喵——喵——猫"的猫叫声人们再熟悉不过了。猫是被人类饲养最多的动物之一，数量仅次于狗。早在9000多年前，远古时期的人类就已经有了驯养猫的记录。人类驯养猫最初可能是为了控制老鼠等有害的动物，不过到了现在，家猫已经完全转变成用来陪伴人类的宠物了。

猫	
体长	30 ~ 50 厘米
食性	肉食性
分类	食肉目猫科
特征	有着柔软的毛皮和爪子，瞳孔会随着光线变化

不喜欢水的猫

猫的体温较高，它们喜欢待在暖和的地方，很害怕寒冷，年龄大的猫和幼崽更加严重。它们不喜欢身上沾水，走路遇到水坑一定会绕路，如果脚上沾了水会马上甩掉，大多数的猫是不喜欢洗澡的。

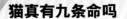

猫真有九条命吗

　　有的时候，猫从很高的地方掉落到地面上，却只是受了一点伤，让人们非常惊讶。这是因为猫的体重很轻，能减少很大的冲击力，更重要的是猫有着强大的平衡系统，从高处下落时可以迅速转身调整方位，以四肢着地，加上它们的身体结构可以起到良好的缓冲作用，能减少震动对身体器官的伤害。所以猫从很高的地方掉下来即使受了伤，也不会致死。在古代，人们不清楚猫不怕从高处坠落的原理，就以为猫有很多次生命，这也就是传说中猫有九条命的来源了。

不同种类的猫有不同的毛色和花纹，毛的长短也不相同。

猫的胡须是它们探测周围环境的一种工具。

仓鼠

可爱的小宠物

仓鼠是一种常见的作为宠物的啮齿类动物。它们身体圆滚滚的，两只眼睛乌黑明亮，还有两颗大大的门牙，经常会把自己的嘴塞得鼓鼓的，让人忍不住想去揉几下。正因为它们小巧可爱，所以人们喜欢把它们当作宠物来饲养。活泼好动是仓鼠的天性，所以如果饲养仓鼠一定要给它们准备跑轮，它们会很开心地跑上很久。

坎贝尔侏儒仓鼠

体长	约 10 厘米
食性	杂食性
分类	啮齿目仓鼠科
特征	面颊内有颊囊，上下颚各有一对锐利的门齿

仓鼠的食物多样化，各种种子、谷物、坚果都可以，偶尔也需要一些动物性饲料，如面包虫干。

足部有毛，所以坎贝尔侏儒仓鼠又被叫作"坎贝尔毛足鼠"。

长在脸上的"食物储存袋"

仓鼠的两颊内有颊囊，颊囊从牙齿一直延伸到肩部，在食物充足的时候仓鼠会贪婪地将食物藏到颊囊里，把两个腮都装得鼓鼓的，就像自己的小小粮仓，等没有食物的时候再拿出来吃，这是仓鼠的本能，它们因此被取了仓鼠这样一个名字。

老 鼠
令人讨厌的不速之客

你知道吗，老鼠的基因和人类基因的相似度高达92%！家鼠主要出没在有人类居住的地方，因为与人类关系紧密，所以被叫作家鼠。在鼠科中，鼠属的黑家鼠、褐家鼠以及小鼠属的小家鼠都被称为家鼠。家鼠的好奇心很重，适应能力也很强，就算掉进水沟也不怕，因为它们是会游泳的。家鼠还擅长打洞，有很强的繁殖能力，一年四季都可以繁殖，如果不加以控制的话，一对成年家鼠在很短的时间内就会繁殖出极大数量的后代。

嗅觉比较灵敏。

人类的食物也是家鼠喜欢的食物。

褐家鼠

体长	约 12.7 ~ 23.8 厘米
食性	杂食性
分类	啮齿目鼠科
特征	皮毛呈灰色或褐色，尾巴上面被毛稀疏

医学领域的贡献

由于家鼠具有性周期短、繁殖能力强的特点，而且饲养管理方便，饲养成本低，且基因与人类的基因相似度极高，在一些病状的反应上与人类相同，所以家鼠在医学、药物学、生命科学和心理学等多个领域都有广泛的应用。我们人类所使用的很多药物，都是经过了在小鼠和大鼠身上大量的实验之后确认安全才大量生产的。小鼠在医学上的长期实验已经为我们积累了丰富的研究资料。

家鼠的智商也很高，有的时候它们甚至懂得将罐子打开来获取其中的食物。

身上有着灰褐色的皮毛。

细长的尾巴用来保持平衡。

毛丝鼠

是猫还是鼠

毛丝鼠

体长	30 ~ 38 厘米
食性	植食性
分类	啮齿目毛丝鼠科
特征	毛皮极为柔软,有一对大耳朵

毛丝鼠有一对大耳朵。

龙猫不是猫科动物,而是原产于南美洲地区的啮齿类动物,是一种乖萌可爱的宠物鼠,学名叫作毛丝鼠。它们的前半身像兔子,后半身像老鼠,耳朵又大又圆,眼睛乌黑明亮,尾毛松软蓬松。它们喜欢群居,性情温顺,昼伏夜出,喜欢吃鲜嫩多汁的牧草。

后腿很发达,擅于跳跃。

看过日本导演宫崎骏动画电影《龙猫》的人，都会发现，毛丝鼠的样子跟电影中的龙猫非常相似，所以这种酷似龙猫的动物也就成为人们口中的"龙猫"了，这便是它们名字的由来。

皮毛真的像丝绸般柔软吗

毛丝鼠因毛皮呈丝状而得名，它们的毛厚实、柔软、光滑、浓密，属于比较珍贵的毛皮。毛丝鼠的一个毛孔能长60～80根毛，浓密到连寄生虫都进不去，所以很多饲养毛丝鼠的人认为这是一种很容易饲养的动物。

脸上的胡须有探测的功能。

狗

人类忠实的朋友

狗也叫"犬"，是人类最早驯化的动物之一。它们忠实、可爱，经常被人类当作宠物来饲养，是人们最亲密的动物朋友。狗的嗅觉非常灵敏，即使它们眼睛看不见了，也能单凭嗅觉像正常的狗一样生活。它们不仅嗅觉灵敏，听力也非常出色。对于人类简单的语言，它们可以根据音调、音节的变化建立条件反射，所以当你呼喊你的宠物狗的名字时，通常它都会第一时间摇着尾巴跑到你面前。

在天热的时候，狗会把舌头伸出来以便散热。

狗	
体长	20 ~ 200 厘米
食性	杂食性
分类	食肉目犬科
特征	嗅觉和听觉非常灵敏，尾巴会随着心情摇晃

被驯化的家畜

　　狗的祖先是狼，经过世界各地的各个民族的长时间驯化，逐渐形成了现在众多的品种。古代人经常出门打猎，会遭到不同野兽的攻击，甚至危及生命。而跟随猎人的猎狗则可以提前发现猛兽的踪迹，以便于猎人尽早采取措施。

忠诚的化身

　　从古至今狗始终是人类忠诚的朋友，它们帮助警察巡逻、缉毒、侦破案件、救护伤员，还能引导盲人走路，更多的时候能够在家里陪主人玩耍。它们从来不会抛弃自己的主人，生活中经常会发生狗狗舍命保护自己的主人这样感人的故事。正因为如此，狗受到了世界各国人民的宠爱和保护。

大型犬的精力通常比较旺盛，需要主人花时间来带它们散步或者陪它们玩。

和猫一样，狗也有很多因人工驯化而产生的不同品种。

猪

优质的肉用动物

家猪由野猪驯化而来，比起野猪，家猪体形更大，皮毛比较短而且没有獠牙。人类驯化和饲养家猪主要是为了获取它们的肉以食用，在大多数市场上都能够看到猪肉的身影。家猪多以人工饲养为主，性情温顺，繁殖能力强，母猪在生产之后会非常精心地照顾小猪崽，不会让它们受到一点点伤害，直到小猪崽长大。

猪	
体长	70 ~ 200 厘米
食性	杂食性
分类	偶蹄目猪科
特征	耳朵较大，鼻子能够拱地

喜爱群居的动物

猪是很喜欢热闹的，不会独来独往，所以一般情况下家猪都是成群饲养的，同样大小的家猪应该放在一个猪舍里饲养。家猪喜欢成群活动和休息，它们用身体的接触和叫声来交流、传递信息，一般情况下生活得还是很和谐的。但偶尔也会有打架的情况出现，大的欺负小的，强的欺负弱的，群体里面的家猪越多，这种情况就会越明显。

拱土觅食的本领

　　拱土觅食是猪获取食物的一种方式，猪的鼻子是高度发达的器官，在拱土觅食时，嗅觉起着决定性的作用。猪就是依靠鼻子拱开土壤，寻找土里面的食物的。在现代猪舍内，每日的食物都会由饲养人准备好，但是猪还是会表现拱土觅食的特征。

猪对颜色的感觉比较迟钝，但嗅觉灵敏。

前肢短小，后肢强壮有力。

山 羊

善于攀登的羊

山羊是人类早期驯化的家畜之一。野生的山羊主要生活在草原和山地等干燥地区，它们能吃的植物种类比较广泛，觅食能力非常强，即使在荒漠和半荒漠地区，它们也能找到食物生存下去。中国是世界上山羊品种最多的国家。山羊和绵羊都是群居动物，只要有一只羊向某个方向走去，其他羊就会跟在后面，因此人们在放养山羊的时候会专门训练几只山羊作为领头羊。

山羊	
体长	65 ~ 130 厘米
食性	植食性
分类	偶蹄目牛科
特征	头上有角，下巴上有胡子一样的毛

山羊的种类

　　山羊分为乳用型、肉用型和绒用型三类。乳用型的山羊主要以生产山羊乳为主，与牛奶相比，山羊奶所含的蛋白质、维生素、钙和磷等无机盐都要更高。肉用型的山羊生长较快，肉质也更加细嫩可口。绒用型的山羊则以羊毛作为主要产品，著名的马海毛就是利用安哥拉山羊的毛制成的。

白胡子"小老头"

  山羊外观上的一大特点就是下巴上长着一撮白毛，看上去像一个小老头。这是因为山羊世代都生活在山地上，它们需要不断地低头觅食，为了防止下巴被坚硬的植物刺伤，山羊的下巴就长出了体毛，远远看上去就像长了胡子。

山羊的角是它们的武器。

幼小的山羊会跟随群体行动和觅食。

马

人类忠实的伙伴

家马是由野马驯化而来的，中国人很早就开始驯化马，但对马的驯化要晚于狗和牛。在古代，马是人类最好的助手，是农业生产、交通运输和军事等活动的主要动力，也是古代最快的交通工具；在现代，马的作用大多为赛马和马术运动，也有少量的军用和畜牧业用途。马对人类非常忠诚，在世界的文化中占有很重要的位置。

尾巴上的毛很长，可用作小提琴的弓毛材料。

扬起前蹄是马经常做出的动作。

马	
体长	40 ~ 200 厘米
食性	植食性
分类	奇蹄目马科
特征	四肢长，骨骼坚实，能在地面上迅速奔驰

马是站着睡觉吗

我们通常认为马是站着睡觉的。站着睡觉是马的生活习性，因为在草原上，野马为了能够在遇到危险的时候迅速逃脱，所以不敢躺下睡觉，大多时候只会站着休息。但在没有人打扰的时候马也是可以躺着睡觉的。在一个马群中，一部分马躺下睡觉，而为了安全起见总会有另一部分马站岗放哨。

农场饲养的马通常生活在马厩里。

视力太差怎么办

马的两眼距离较大，视觉重叠部分只有30%，所以很难通过眼睛判断距离。对于500米以外的物体马只能看到模糊的图像，只有对于比较近的物体才能很好地辨别其形状。但是马的听觉和嗅觉是非常灵敏的，它们靠嗅觉识别外界一切事物，可以凭借嗅觉寻找几千米以外的水源和草地，也可以通过嗅觉找寻同伴，甚至可以嗅到危险的信息，并且及时通知同伴。

骆驼
沙漠之舟

骆驼是一种神奇的动物，它们可能是最能适应沙漠生活的动物之一了。在条件严酷的沙漠和荒漠中，骆驼能够适应干旱而缺少食物的沙土地和酷热的天气，而且颇能忍饥耐渴，每喝饱一次水，可连续几天不再喝水，仍然能在炎热、干旱的沙漠地区活动。骆驼还有一个神奇的胃，这个胃分为三室，在吃饱一顿饭之后可以把食物贮存在胃里面，等到需要再进食的时候反刍。可以说，骆驼这种奇妙的动物就是为沙漠而生的。

双峰驼

体长	约 300 厘米
食性	植食性
分类	偶蹄目骆驼科
特征	身体有厚实的毛发，背部有两个驼峰

走到哪儿都背着两座"山"

骆驼的最大特点就是它们背上像小山一样的驼峰。骆驼分为单峰驼和双峰驼，是骆驼属下仅有的两个物种。看到驼峰就会和骆驼可以长时间不饮水联想到一起，实际上驼峰并不是骆驼的储水器官，而是用来贮存沉积脂肪的，它是一个巨大的能量贮存库，为骆驼在沙漠中长途跋涉提供了能量消耗的物质保障，这在干旱少食的沙漠之中是非常有利的。

如何防御沙尘

　　骆驼耳朵里的长毛能有效地阻挡风沙的进入，而且它们有着双重眼睑，浓密的长长的睫毛也可以防止被风沙迷了眼睛。除此之外，骆驼的鼻子就像有一个自动开合的开关一样，在风沙来临时，能够关闭开关，抵挡沙土。这些装备让骆驼在沙漠中不惧风沙，毫无压力地长途跋涉。

厚厚的毛发能帮助骆驼抵挡沙漠里的阳光。

双峰驼的背上有两个驼峰，单峰驼则只有一个。

鼻孔可以封闭，避免沙粒被风吹进鼻孔。

骆驼的脚掌又扁又宽，适合在松软的沙子中行走。

驴

家驴是一种比较多见的动物。在农村，几乎每家每户都会饲养。家驴身体很结实，抵抗力强，不易生病，并且性情温驯、刻苦耐劳、听从主人使役。驴的长相很像马，大多为灰褐色，体高和身长大体相等。

家驴

体长	约 200 厘米
食性	植食性
分类	奇蹄目马科
特征	身体结实，四肢较短，性情温顺

144

家驴和马为何长相相似

　　家驴和马都属于同一马属但不同种类，所以它们长相相似，体形却不同。家驴体形要比马小，没有马那么威武雄壮。但它们四肢强劲而有力。因此，家驴大多数用于农务耕作。它们性情比较温顺，适合为人类所用。

家驴的身体结实，体质健壮。

家驴的头大，耳朵较长。

家驴的四肢短小，蹄小而坚实。

索引

图书在版编目（CIP）数据

哺乳动物 / 余大为，韩雨江，李宏蕾主编. -- 长春：
吉林科学技术出版社，2023.3
　（勇敢孩子的动物世界 / 余大为主编）
　ISBN 978-7-5744-0046-7

　Ⅰ．①哺… Ⅱ．①余… ②韩… ③李… Ⅲ．①哺乳动
物纲—儿童读物 Ⅳ．① Q959.8-49

中国版本图书馆 CIP 数据核字（2022）第 234785 号

YONGGAN HAIZI DE DONGWU SHIJIE　　BURU DONGWU

勇敢孩子的动物世界　哺乳动物

主　　编　余大为　韩雨江　李宏蕾
出 版 人　宛　霞
责任编辑　朱　萌
封面设计　长春美印图文有限公司
制　　版　长春美印图文有限公司
幅面尺寸　212 mm×226 mm
开　　本　20
印　　张　8
字　　数　177 千字
印　　数　1-7 000 册
版　　次　2023 年 3 月第 1 版
印　　次　2023 年 3 月第 1 次印刷

出　　版　吉林科学技术出版社
发　　行　吉林科学技术出版社
地　　址　长春市福祉大路 5788 号
邮　　编　130118
发行部电话 / 传真　0431-81629529　81629530　81629531
　　　　　　　　　　81629532　81629533　81629534
储运部电话　0431-86059116
编辑部电话　0431-81629518
印　　刷　吉林省吉广国际广告股份有限公司
书　　号　ISBN 978-7-5744-0046-7
定　　价　39.90 元

扫码获取

✓ 动画课堂
✓ 动物百科
✓ 趣味拼图
✓ 阅读打卡

哺乳动物

哺乳动物